Ernst Probst

Die Kugelamphoren-Kultur

Eine Kultur der Jungsteinzeit vor etwa 3.100 bis 2.700 v. Chr.

Den Prähistorikern Dr. Rudolf Feustel (1925–2018) aus Weimar und Dr. Dieter Kaufmann aus Halle/Saale gewidmet, die bei meinem Buch „Deutschland in der Steinzeit" (1991) wertvolle Hilfe geleistet haben

Impressum:
Die Kugelamphoren-Kultur
1. Auflage als Print-Buch: Juni 2019
Autor: Ernst Probst
Im See 11, 55246 Mainz-Kostheim
Telefon: 06134/21152
E-Mail: ernst.probst (at) gmx.de
Herstellung: Amazon Distribution GmbH, Leipzig
Alle Rechte vorbehalten
ISBN: 978-1-075-56832-9

Grab der Kugelamphoren-Kultur im Derfflinger Hügel bei Kalbsrieth (Kyffhäuserkreis) in Thüringen.
Foto: Aschroet / CC0 1.0 (via Wikimedia Commons), Lizenz: gemeinfrei (Public domain), https://creativecommons.org/publicdomain/zero/1.0/legalcode

1979 bei Erdarbeiten am Schloss Friedrichsfelde (Berlin-Friedrichsfelde) entdeckte Kugelamphore.
Foto: Anagroa / CC-BY3.0 (via Wikimedia Commons), lizensiert unter Creative-Commons-Lizenz by-3.0, https://creativecommons.org/licenses/by/3.0/legalcode

Vorwort

Im Jahre 1900 benannte der Berliner Prähistoriker Alfred Götze eine Kultur der Jungsteinzeit nach ihren charakteristischen Tongefäßen. Mit dieser Kultur, die vor etwa 3.100 bis 2.700 v. Chr. zwischen der mittleren Elbe in Mitteldeutschland und dem mittleren Dnepr in Russland existierte, befasst sich das Taschenbuch „Die Kugelamphoren-Kultur" des Wiesbadener Wissenschaftsautors Ernst Probst. Etliche Prähistoriker diskutierten im 20. Jahrhundert über die Entstehung, Chronologie und das Wesen jener Kultur und gelangten zu unterschiedlichen Ergebnissen. Manche Experten hielten die Kugelamphoren-Leute für Nomaden, Rinderzüchter, Schweinehirten oder Indogermanen. Tatsächlich betrieben sie neben Viehzucht auch Ackerbau und waren sesshaft. Rinder dienten ihnen als Zugtiere für Pflüge und Karren. Rätselhaft ist, warum sie Verstorbenen ein Rind oder sogar zwei oder drei opferten und mit ins Grab legten. Manche Funde deuten auf Kannibalismus aus rituellen Gründen und auf einen Sonnenkult hin. Ernst Probst veröffentlichte 1991 das Buch „Deutschland in der Steinzeit". 2019 befasste er sich mit einzelnen Kulturen und Kulturstufen der Steinzeit.

Prähistoriker Alfred Götze (1863–1948).
Foto: Porträt vor 1948

Die Kugelamphoren-Kultur

In dem riesigen Gebiet zwischen der mittleren Elbe in Mitteldeutschland und dem mittleren Dnepr in Russland existierte von etwa 3.100 bis 2.700 v. Chr. die Kugelamphoren-Kultur. Sie ging vielleicht aus der Östlichen Trichterbecher-Kultur im Gebiet von Polen hervor und hatte zeitweise zur Walternienburg-Bernburger Kultur (etwa 3.200–2.800 v. Chr.) und zu den Schnurkeramischen Kulturen (etwa 2.800–2.400 v. Chr.) Kontakt.

Die Prähistoriker gliedern die Kugelamphoren-Kultur in eine östliche, eine polnische und eine westliche Gruppe. Die östliche erstreckte sich vom mittleren Dnepr bis nach Polen und in das ehemalige Ostpreußen. Die polnische Gruppe war in ganz Polen heimisch. Die westliche Gruppe behauptete sich in Mitteldeutschland, Brandenburg, Mecklenburg sowie in Teilen Schleswig-Holsteins und Niedersachsens.

Den Begriff Kugelamphoren-Kultur hat 1900 der Berliner Prähistoriker Alfred Götze (1863–1948) eingeführt, auf den auch die Namen Rössener Kultur, Havelländische Kultur und Schnurkeramische Kulturen zurückgehen. Seine Arbeit über die keramischen Stilarten der Jungsteinzeit war die erste Dissertation über ein prähistorisches Thema in Deutschland. Götze ist die erste Beschreibung der westlichen Gruppe der Kugelamphoren-Kultur zu verdanken. Der Name dieser Kultur basiert auf den für sie charakteristischen Gefäßen, die man als Kugelamphoren bezeichnet.

Im 20. Jahrhundert diskutierten Prähistoriker immer wieder über die Entstehung, Chronologie und das Wesen der

Lehrer, Heimatforscher und Archäologe Paul Höfer (1845–1914).
Foto: Aufnahme bei einer Ausgrabung von 1904

Prähistoriker Gustav Kossinna
(1858–1931).
Foto: Porträt von 1907

Kugelamphoren-Kultur. Alfred Götze vermutete ihren Ursprung in der „nordischen Steinzeit-Provinz“ und hielt sie für jünger als die Schnurkeramik. In Wirklichkeit ist die Kugelamphoren-Kultur älter als die Schnurkeramischen Kulturen. Der Lehrer, Heimatforscher und Archäologe Paul Höfer (1845–1914) sowie der Prähistoriker Hugo Mötefindt (1893–1932) spekulierten 1911 bzw. 1915, der Ursprung der Kugelamphoren-Kultur liege im Gebiet östlich und nördlich des Harzes und sprachen dem Havelgebiet eine besondere Rolle zu. Der Prähistoriker Gustav Kossinna (1858–1931) unterschied 1922 eine Westgruppe und Ostgruppe, was modifiziert heute noch gilt. Der Gymnasiallehrer Paul Kupka (1866–1948) bezeichnete die Kugelamphoren-Kultur als „Stil IV“ seiner „Ganggrabkeramik“ und hielt sie für älter als die Schnurkeramik und die Schönfelder Kultur. Der Prähistoriker Ernst Sprockhoff (1892–1967) sah den Ursprung der Kugelamphoren-Kultur an der Mittelelbe und im Havelgebiet und glaubte an ihr Fortleben bis in die Frühbronzezeit. Der Prähistoriker Hans Priebe (1906–1951) ordnete in seiner umfassenden Studie die Westgruppe der Kugelamphoren-Kultur an das Ende der Jungsteinzeit. Der Prähistoriker Ulrich Fischer (1915–2005) betrachtete in den 1950er Jahren die Kugelamphoren-Kultur fälschlicherweise für jünger als die Schnurkeramik. Der Prähistoriker Valentin Weber vertrat 1964 die Ansicht, die Kugelamphoren-Kultur sei im Gebiet des heutigen Polen auf der Basis der Östlichen Trichterbecher-Kultur entstanden. Die Westgruppe entspreche einer jüngeren Phase, aber nicht dem Ende der Schnurkeramik. Der Prähistoriker Hans Nortmann lokalisierte die Westgruppe der Kugelamphoren-Kultur in Deutschland und Böhmen, die Ostgruppe in Polen und der Ukraine. Westpolen betrachtete er als Übergangsbereich. Die

Von Wölfen angegriffener Auerochse.
Bild: Gemälde von Heinrich Harder (1858–1935)

Prähistorikerin Marija Gimbutas (1921–1994) glaubte an einen indogermanischen Ursprung der Kugelamphoren-Kultur, wogegen allerdings die Bestattungssitten, extrem wenige Kupferfunde und genetische Untersuchungen sprechen.
Bis 2019 unterschied man bereits rund 20 Untergruppen der Kugelamphoren-Kultur. Dazu gehören zum Beispiel: Bernburger Gruppe (entstanden in der Bernburger Kultur), böhmische Gruppe (Rivnác-Kultur), Altmärkische Gruppe, Wesergruppe, Elbe-Havel-Gruppe, Oder-Warthe-Weichsel-Gruppe, Lubin-Volhynia-Gruppe und Bug-Dniestr-Sereth-Gruppe. Diese Gruppen betrieben miteinander Handel, wobei sie ihre Waren mit Karren und Zugtieren beförderten.
Im Verbreitungsgebiet der Kugelamphoren-Kultur wuchsen auf guten Böden weiterhin Eichenmischwälder mit wenig Buche und Hainbuche, während auf den schlechten Böden Eichen- und Kiefernwälder vorherrschten. Tierknochenfunde aus Gräbern dieser Zeit belegen das Vorkommen von Rebhühnern, Stockenten, Luchsen, Wölfen, Dachsen und Hasen. Daneben gab es Braunbären, Auerochsen (Ure), Rothirsche, Rehe und Wildschweine.
Die Kugelamphoren-Leute unterschieden sich in ihrem Aussehen nicht wesentlich von ihren Vorgängern und Zeitgenossen im gleichen Siedlungsraum. So erreichten die Männer wie überall eine Körpergröße um 1,70 Meter und die Frauen um 1,60 Meter. Untersuchungen ihrer Skelettreste zeigten, dass ihre Zähne nicht selten durch harte Nahrung weitgehend abgekaut waren.
Zweifellos beherrschten die Medizinmänner der Kugelamphoren-Kultur ihr Handwerk. Aus Ketzin (Kreis Havelland) in Brandenburg kennt man einen ohne Komplikationen verheilten Ellenbruch sowie drei Schädel mit Spuren überlebter

Schweinehirt der Kugelamphoren-Kultur.
Zeichnung von Gerhard Beuthner (1867–nach 1935),
veröffentlicht in dem Erdal-Bilderbuch
„Aus Deutschlands Vorzeit" (1937)
von Erich Lissner (1902–1980)

und verheilter Schädeloperationen (Trepanation). Zwei Schädel mit bei Schädeloperationen entstandenen Löchern fand man in einem Grab in Kruckow (Kreis Vorpommern-Greifswald) in Vorpommern. Von einem solchen schweren Eingriff versprach man sich Linderung und Heilung verschiedener Krankheitssymptome. Vielleicht war einigen dieser Steinzeit-Chirurgen die Überkreuzung der Nerven im Kopf bekannt.
Die Menschen der Kugelamphoren-Kultur wohnten in weit über das Land verstreuten Einzelgehöften, aber auch in nicht allzu großen Siedlungen. Mit Gräben, Wällen und Palisaden befestigte Höhensiedlungen, wie sie aus gebirgigen Gegenden Böhmens bekannt sind, waren in der westlichen Gruppe offenbar nicht üblich. Neben Behausungen in Pfostenbauweise wurden Blockhäuser ohne Pfosten sowie ebenerdige Gebäude bis zu 20 Meter Länge über muldenförmigen Wohngruben errichtet. Im Inneren unterhielt man zumeist eine Feuerstelle.
Der Prähistoriker Hans-Jürgen Beier unterschied 1988 für das Mittelelbe-Saale-Gebiet vier Siedlungstypen:
Siedlungen auf Dünen und vor Hochwasser geschützten Anhöhen in der Elbtalniederung,
Siedlungen am Hochufer von Fluss- und Bachläufen,
Siedlungen in der Aue bzw. in ebenem Gelände,
Siedlungen auf kleinen Anhöhen bzw. im Bereich flach fallender Hänge, die besonders häufig waren.
Früher vermutete man, dass die Angehörigen der Kugelamphoren-Kultur kaum länger an einem Ort verweilten, und betrachtete sie als nomadische Viehzüchter, die vor allem Rinder hielten. Diese Anschauung musste später korrigiert werden, als man in den Siedlungen Getreidereste und Abdrücke von Getreidekörnern in Tongefäßen entdeckte. Demnach haben die Kugelamphoren-Leute die Getreidearten Emmer und

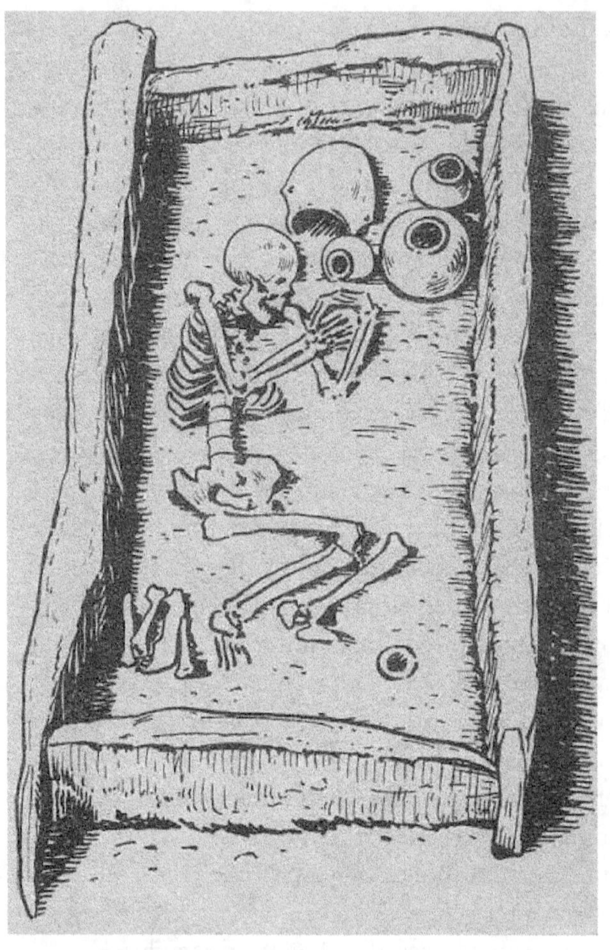

Grab der „Kugelflaschenleute" im Derfflinger Hügel bei Kalbsrieth in Thüringen.
Zeichnung von Gerhard Beuthner (1867–nach 1935), veröffentlicht in dem Erdal-Bilderbuch „Aus Deutschlands Vorzeit" (1937) von Erich Lissner (1902–1980)

Gerste ausgesät und geerntet. Der Ackerbau bedingte eine sesshafte Lebensweise.

Welch große Bedeutung die Haustierhaltung im Leben der Kugelamphoren-Leute hatte, lässt sich an den überwiegend von Haustieren stammenden Knochenresten in Siedlungen und Gräbern nachweisen. Meist wurden Rinder, daneben aber auch Schweine, Schafe und Hunde gehalten. Anders als in Polen, wo an einigen Orten Pferdeknochen gefunden wurden, konnte das Pferd bisher im Bereich der Westlichen Kugelamphoren-Kultur nicht nachgewiesen werden.

In dem 1937 erschienenen Erdal-Bilderbuch „Aus Deutschlands Vorzeit" wurden die Angehörigen der Kugelamphoren-Kultur als „Kugelflaschenleute" bezeichnet. Den Text für das 72seitige Werk schrieb der Journalist Erich Lissner (1902–1980) aus Mainz, wobei er von Mainzer und Breslauer Vorgeschichtsforschern unterstützt wurde. Lissner hatte ab 1925 Archäologie, Ethnologie, Philosophie und Kunstgeschichte in Berlin, Köln und München studiert. Nach der Machtübernahme der Nationalsozialisten 1933 war dem Demokraten Lissner eine Laufbahn an einer Universität oder einem Museum verbaut. Deswegen arbeitete er als Werbetexter bei der Erdal-Fabrik „Werner & Mertz" in Mainz und ab 1938 in der Werbeabteilung der „Chemischen Fabrik Kalle" in Wiesbaden. Die 30 Farbbilder und 39 Federzeichnungen hatte der Breslauer Vorgeschichtsmaler Gerhard Beuthner (1887–nach 1935) geschaffen. Herausgegeben wurde das reich bebilderte Buch von der Erdal-Fabrik „Werner & Mertz" in Mainz. Auf den Seiten 27 und 28 befasste sich Lissner mit dem „Volk der Kugelflaschenleute". Er behauptete, aus den immer wieder gefundenen Speiseüberresten (Knochen des Schweines) könne man schließen, dass dieses Volk vornehmlich Schweinezucht betrieben haben

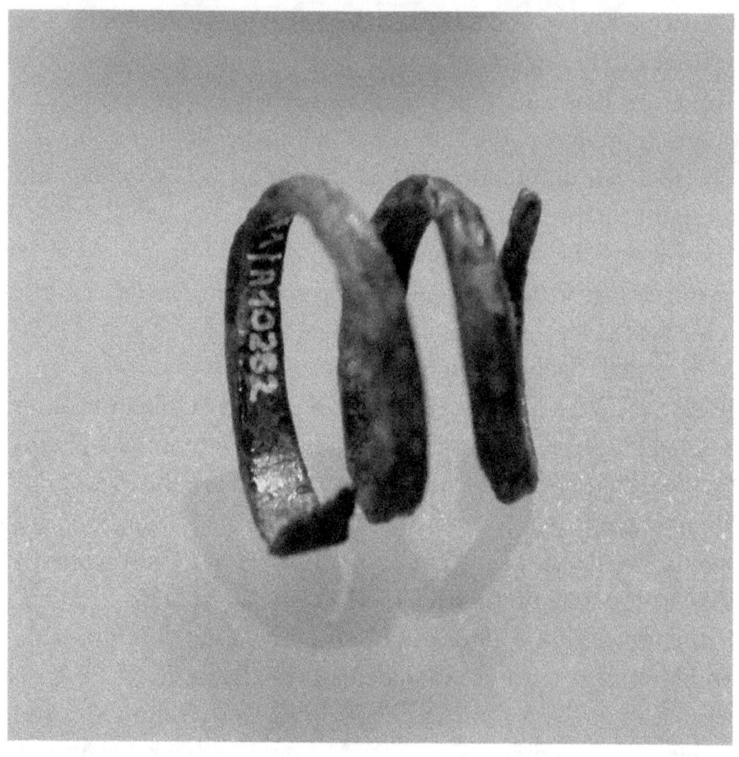

Kupferner Ohrring aus Zschernitz, Gemeinde Wiedemar, in Sachsen. Foto: Einsamer Schütze / CC-BY-SA4.0 (via Wikimedia Commons), lizensiert unter Creative-Commons-Lizenz by-sa-4.0, https://creativecommons.org/licenses/by-sa/4.0/legalcode

müsse. Eichenwälder, die damals bei günstigen Witterungsbedingungen eine sehr viel größere Ausdehnung gehabt hätten als heute, hätten zur Mast die Eichel als wichtigstes Futter geliefert. Auf einem Farbbild von Beuthner sah man einen Schweinehirten der „Kugelflaschenleute", der unter einer Eiche saß, sich an einen Baumstamm lehnte und aus einer „Kugelflasche" trank. Eine Federzeichnung zeigte das Grab eines Anführers der „Kugelflaschenleute", wie es im Derfflinger Hügel bei Kalbsrieth (Kyffhäuserkreis) in Thüringen vorgefunden wurde.

Auf Tauschgeschäfte und Fernverbindungen deuten ortsfremde Feuersteinarten, Bernstein von der Ostseeküste und vor allem Kupfergegenstände von fortschrittlicheren südosteuropäischen Kulturen hin. Als Gegenleistung für diese begehrten Importwaren dürfte man unter anderem Klingen von Feuer-steinäxten und Rinder angeboten haben.

Die zahlreichen Rinderfunde sowie deren häufig paarweise erfolgte Bestattung deutet nach Ansicht vieler Prähistoriker auf mit einem Doppeljoch verbundene Zweiergespanne hin, die außer dem Pflug auch Wagen zogen. Funde aus anderen Kulturen zeigen, dass Wagen und ausgebaute Straßen zu jener Zeit in Mitteleuropa keine Seltenheit mehr waren. Im Bereich der Westlichen Kugelamphoren-Kultur hat man diese Errungenschaften jedoch bisher nicht nachweisen können.

Zur Garderobe gehörten aus Knochen geschnitzte Gürtelhaken (Kosowo in Polen) und Gürtelplatten (Ketzin in Brandenburg). Die Kugelamphoren-Leute haben – nach den Funden zu schließen – nur wenig Schmuck getragen. Dazu gehörten Perlen aus Bernstein, durchlochte Tierzähne sowie vereinzelt Kupferperlen und -röllchen. Ber4nsteinschmuck wurde in einem Grab von Berlin-Friedrichsfelde geborgen. In einem Grab bei

Verzierte Kugelamphore aus Greußen (Kyffhäuserkreis) in Thüringen.
Foto: Wolfgang Sauber / CC-BY-SA4.0
(via Wikimedia Commons),
lizensiert unter Creative-Commons-Lizenz by-sa-4.0,
https://creativecommons.org/licenses/by-sa/4.0/legalcode

Gotha in Thüringen entdeckte man 26 durchbohrte Hundezähne und einen Bärenzahn. Letzterer hatte für seinen Besitzer sicherlich großen Wert. Kupferschmuckstücke kennt man aus einem Grab von Pevestorf (Kreis Lüchow-Dannenberg) in Niedersachsen und aus einem Steinkistengrab bei Pacanow in Polen.

Im Gegensatz zur Walternienburg-Bernburger Kultur und zu den Schnurkeramischen Kulturen hat die Kugelamphoren-Kultur keine verzierten Stelen aus Stein hervorgebracht. Auch tönerne Figuren waren den Kugelamphoren-Leuten fremd.

Bisher hat man im Verbreitungsgebiet der Kugelamphoren-Kultur nur wenig Reste von Musikinstrumenten gefunden. Zwei Tontrommeln wurden in Niedersachsen geborgen, drei in Kujawien (Polen) und eine in Böhmen.

Unter den Tongefäßen der Kugelamphoren-Kultur hatten die namengebenden rundbödigen Kugelamphoren mit etwa 50 Prozent und weitmundige Töpfe mit etwa 25 Prozent den größten Anteil. Die Kugelamphoren waren durchschnittlich zwischen 15 und 20 Zentimeter hoch und hatten eine Wandungsstärke von rund 0,5 Zentimeter. Es gab aber auch Kugelamphoren, die nur 8 Zentimeter oder wie ein Fund im Ortsteil Baalberge von Bernburg (Salzlandkreis) 34 Zentimeter hoch waren. Verzierungen brachte man nur am Hals und an der Schulter der Kugelamphoren an. Wegen ihres gewölbten Bodens konnte man die kugelförmigen Amphoren nicht auf ebener Erde abstellen. Sie hatten vermutlich die Funktion von Vorratsgefäßen, die an durch die beiden Henkel geführten Schnüren aufgehängt wurden. Die weitmundigen Töpfe wiesen manchmal bis zu vier Henkel auf. Weitere typische Tongefäße waren Schalen mit Rundboden und zwei Henkeln, flachbödige

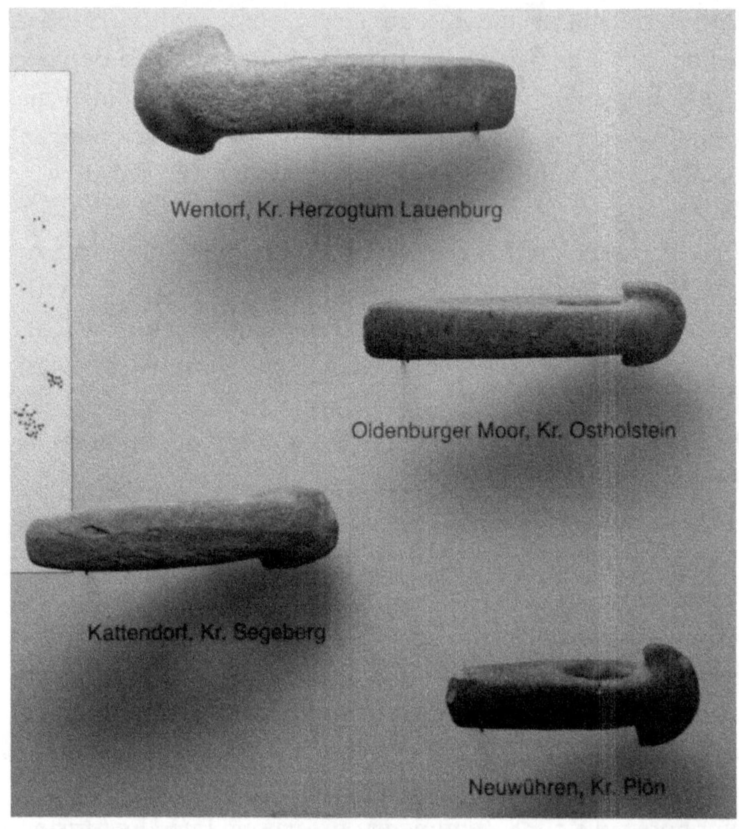

Nackenkammäxte der Kugelamphoren-Kultur aus Schleswig-Holstein.
Foto: Einsamer Schütze / CC-BY-SA3.0
(via Wikimedia Commons),
lizensiert unter Creative-Commons-Lizenz by-3.0,
https://creativecommons.org/licenses/by-sa/3.0/legalcode

Näpfe ohne und mit warzenartigen Vorsprüngen sowie trichterförmige „Warzenbecher“.

In der älteren Phase der Kugelamphoren-Kultur wurde die Keramik mit ganzflächigen Mustern verziert, die man vielleicht nach dem Vorbild von Stickereien übernommen hatte. Man drückte die Ornamente mit verschiedenartigen Stempeln in den weichen Ton ein, bevor man die Gefäße brannte. Hauptmotive waren hängende, also mit der Spitze nach unten weisende Dreiecke, Rhomben, Zickzackmuster, Tannenzweige und flächenfüllende Punktmuster. An der Gefäßschulter überwiegen Fransenmuster. In der jüngeren Phase der Kugelamphoren-Kultur kamen zunehmend Schnureindrücke, wie sie für die gleichzeitigen Schnurkeramischen Kulturen typisch waren, in Mode. Damals erschienen hängende Bögen als weitere Ziermode.

Zum Werkzeug der Kugelamphoren-Kultur gehörten dicknackige, sorgfältig zugeschliffene Beilklingen aus Feuerstein mit Holzschaft sowie ähnlich bearbeitete Klingen von Querbeilen und schmale Meißel. Dagegen fehlen aus Felsgestein geschliffene Klingen von Steinäxten, wie sie bei den Trichterbecher-Leuten üblich waren. Außerdem gab es Pfrieme, Spitzen und Dolche aus Knochen, aufgespaltene Eberhauer als Schneidinstrumente und Äxte aus Knochen und Hirschgeweih. Ein Knochendolch in Schönbeck (Kreis Mecklenburgische Seen) ist 21,6 Zentimeter lang. Eberhauer gelten als Jagdtrophäen.

Dass die Kugelamphoren-Leute auch kupferne Werkzeuge besaßen, zeigt der Fund einer kleinen Ahle aus einem Steinkistengrab von Kolonia Stary Brzesc in Polen. Nach dem Ergebnis der Metallanalyse dieses Objektes soll der für seine Herstellung verwendete Rohstoff aus dem Goslarer Revier im Nordharz stammen. Möglicherweise haben Angehörige der

Bau eines Großsteingrabes (Megalithgrab).
Zeichnung von Gerhard Beuthner (1867–nach 1935), veröffentlicht in dem Erdal-Bilderbuch „Aus Deutschlands Vorzeit" (1937) von Erich Lissner (1902–1980)

Kugelamphoren-Kultur im Mittelelbe-Saale-Gebiet das Rohmaterial vermittelt.
Vereinzelte Funde von aus Feuerstein zurechtgeschlagenen Pfeilspitzen belegen, dass für die Jagd oder den Kampf nach wie vor Pfeil und Bogen zur Verfügung standen. Bei einem Teil der Pfeilspitzen handelte es sich um trapezförmige Querschneider (Pfeilschneiden), die größere und stärker blutende Wunden verursachten. Nachteilig war, dass sie nicht so leicht eindrangen wie eine spitze Pfeilspitze.
Die Bestattungen der Kugelamphoren-Leute wurden nur noch indirekt von der megalithischen Kultur beeinflusst. Diese Menschen errichteten zwar weder Dolmen noch Ganggräber und auch keine Steinkistengräber. Sie bestatteten ihre Toten nicht selten in den von früheren Kulturen erbauten Großsteingräbern Dies geschah beispielsweise in einigen Großsteingräbern im niedersächsischen Kreis Lüneburg wie in Diersbüttel, Oldendorf (Hünenbett IV) und Rohstorf (Steingrab III). Manche Prähistoriker vergleichen diese Nachbestattungen in Megalithgräbern mit dem Vorgehen der spanischen Konquistatoren in Südamerika, die ihre Toten mitunter in den monumentalen Gräbern der einheimischen indianischen Bevölkerung beerdigten.
Die von den Kugelamphoren-Leuten selbst geschaffenen Gräber waren von bescheidener Art. Sie bestatteten ihre Toten in ovalen, rechteckigen oder runden Erdgrabhügeln, die in Extremfällen bis zu 30 Meter lang waren, meist jedoch ein geringeres Ausmaß erreichten. Außerdem bauten sie kleine Steinkistengräber oder hoben flache Erdgräber aus, die sie mit Steinen pflasterten und bedeckten.
Ein Steinkistengrab der Kugelamphoren-Kultur hat man bereits 1746 beim Pflügen nahe Sittichenbach entdeckt. Dieser Ort ist

Derfflinger Hügel bei Kalbsrieth (Kyffhäuserkreis) in Thüringen.
Foto: Aschroet / CC0 1.0 (via Wikimedia Commons),
Lizenz: gemeinfrei (Public domain),
https://creativecommons.org/publicdomain/zero/1.0/legalcode

heute ein Stadtteil von Eisleben (Kreis Mansfeld-Südharz) in Sachsen-Anhalt. In der Steinkiste lagen „die Gerippe und Knochen von fünf Menschen“. Bei drei von ihnen waren die Köpfe nach Westen ausgerichtet, bei zwei nach Osten. Eines der beiden geborgenen Tongefäße blieb bis zum Zweiten Weltkrieg erhalten. Dabei handelte es sich um eine reich verzierte Kugelamphore. In den folgenden Jahrzehnten stieß man in Großsteingräbern auf Kugelamphoren.

1864 grub ein Major namens Scheppe einen Hügel an der von Niedereichstädt nach Mücheln (Saalekreis) in Sachsen-Anhalt führenden Straße aus und entdeckte darin ein Steinkistengrab mit drei Bestattungen der Kugelamphoren-Kultur. Der Hügel wurde nach einer naheliegenden Wüstung als Zeckerhügel oder wegen vieler Kaninchenbaue darin als Kaninchenhügel bezeichnet. Das Steinkistengrab war mehr als 3 Meter lang, 1,20 Meter breit und 1,20 Meter hoch. Darin lagen ein kleines weibliches Skelett sowie zu beiden Seiten je ein großes männliches Skelett. Zum Fundgut gehörten drei vor den Köpfen platzierte Kugel-amphoren, ein schwarzes und ein weißes Feuersteinbeil, eines davon mit einem 50 Zentimeter langen Schaft aus Birkenholz, ein Feuersteinmesser, durchbohrte Tierzähne, ein Eberhauer, Bernsteinperlen und eine kleine Spirale aus Kupfer. Der Beilschaft gelangte in das „Römisch-Germanische Zentralmuseum Mainz“.

Interessante Funde und Befunde glückten 1901 dem Archäologen Armin Möller (1865–1938) bei seiner Ausgrabung im Derfflinger Hügel bei Kalbsrieth (Kyffhäuserkreis) in Thüringen. Der Hügel enthielt Bestattungen der jungsteinzeitlichen Baalberger Kultur, Kugelamphoren-Kultur und Schnurkeramik, der frühbronzezeitlichen Aunjetitzer Kultur, der späteisenzeitlichen Latènezeit, der Merowingerzeit und der

Verzierte Kugelamphore aus dem Derfflinger Hügel bei Kalbsrieth (Kyffhäuserkreis) in Thüringen.
Foto aus Armin Möller (1865–1938): Der Derfflinger Hügel bei Kalbsrieth (Grossherzogtum Sachsen): eine thüringische Nekropole aus dem Unstruttale von der Steinzeit bis zur Einführung des Christentums benutzt (Festschrift zur 43. allgemeinen Versammlung der Deutschen Anthropologischen Gesellschaft 4.-8. August 1912 in Weimar. Heft 3), Jena 1912

frühchristlichen Zeit. Möller publizierte seine Erkenntnisse über die Ausgrabung von 1901 in der „Festschrift zur 43. allgemeinen Versammlung der Deutschen Anthropologischen Gesellschaft 4.–8. August 1912“. Das von ihm untersuchte Steinkistengrab der Kugelamphoren-Kultur war innen – einschließlich Vorraum – 1,70 Meter lang und 0,94 Meter breit. Im Vorraum lagen Holzkohle, Asche, verbrannte Knochen und Keramikscherben. In der Steinkiste hatte man einen etwa 33 bis 40 Jahre alten Mann mit einer verheilten Hiebverletzung und ein anderthalb bis zweieinhalb Jahre altes Kind bestattet. Vor der Stirn des Mannes hatte man eine verzierte und eine unverzierte Kugelamphore und zwei verzierte vierhenkelige Töpfe deponiert. Bei seinen Füßen lag eine Schale. Weitere Funde waren zwei knöcherne Nadeln, ein Knochenpfriem, ein Feuersteinbeil, drei Eberzähne sowie Reste von Speisebeigaben, die von einem Schwein und einem Kranich stammten. Beiderseits der Längsseiten des Steinkistengrabes fielen dem Ausgräber mehr als einen Meter große Steinsetzungen mit intensiven Brandspuren auf, die er als „Altäre“ bezeichnete, die vermutlich im Zusammenhang mit dem Totenkult ständen.

In der westlichen Gruppe der Kugelamphoren-Kultur bestattete man häufig nur einen einzigen Verstorbenen in einem Grab. Manchmal legte man aber auch mehrere Erwachsene in ein Grab. Es hat den Anschein, als sei in keinem Grab eine Frau oder ein Kind allein begraben worden. Daraus leitete man ab, dass Frauen und Kinder männlichen Toten ins Grab folgen mussten. Für diese Theorie liegen allerdings keine sicheren Beweise vor. Der Leichnam wurde grundsätzlich mit zum Körper hin angezogenen Beinen niedergelegt.

Eine Eigenart des Bestattungswesens der Kugelamphoren-Kultur war die Sitte, dem oder den Verstorbenen ein Rind

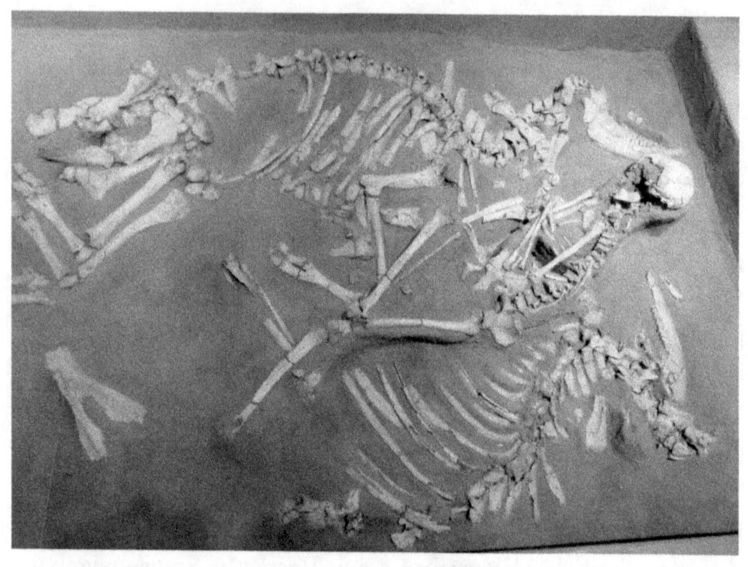

Bestattung von Mensch und Rindern in Mittelhausen (Kreis Sangerhausen) in Sachsen-Anhalt.
Original im Museum für Ur- und Frühgeschichte in Thüringen, Weimar.
Foto: Wolfgang Sauber / CC-BY-SA4.0 (via Wikimedia Commons),
lizensiert unter Creative-Commons-Lizenz by-sa-4.0, https://creativecommons.org/licenses/by-sa/4.0/legalcode

oder sogar zwei oder drei Rinder zu opfern und mit ins Grab zu legen. Offenbar geschah dies nach einem genau festgelegten Ritual. Denn die Rinderpaare wurden immer so auf die Flanke gelegt, dass die Füße und das Maul der Tiere beieinander lagen. In der östlichen Gruppe der Kugelamphoren-Kultur legte man zu den Rindern mitunter Gefäße, die vielleicht Speise und Trank enthielten, und hängte den getöteten Tieren Knochenmedaillons mit einem Sonnensymbol um den Hals. Diese Rinder sollten womöglich als Nahrungsvorrat für das Leben im Jenseits dienen. Rinderopfer in Menschengräbern wurden unter anderem in Dölkau (Saalekreis), Langendorf (Burgenlandkreis), Mittelhausen bei Allstedt (Kreis Mansfeld-Südharz) in Sachsen-Anhalt, in Cossebaude (Kreis Dresden) in Sachsen sowie in Ketzin (Kreis Havelland) in Brandenburg entdeckt. In Dölkau befanden sich menschliche Skelettreste einer jüngeren Person zwischen den beiden mit angewinkelten Beinen gegeneinander gerichteten Rindern. Die Bestattung von Dölkau wurde 1942 durch den Prähistoriker Wilhelm Albert von Brunn (1911–1988), der damals als Assistent in Halle/Saale arbeitete, ausgegraben. In Langendorf fand man 1943 zerstörte Skelettgräber mit Kugelamphoren, Schalen und Artefakten aus Feuerstein. In einem Grab lagen ein Menschenskelett und ein Rinderskelett. In Mittelhausen hatte man einem Mann und einer Frau ein Rinderpaar geopfert. Sowohl die Köpfe der Menschen als auch die der beiden Rinder lagen dort in Richtung Osten. Auf das Grab in Mittelhausen war man 1945 gestoßen.
Auch in eigenen Gräbern bestattete Rinder waren keine Ausnahmeerscheinung. So sind aus Cossebaude sowohl Rinder im Menschengrab als auch eigene Rinderbestattungen bekannt. Die Gräber von Cossebaude sind 1895 gefunden worden. Die Gräber in Ketzin kamen 1959 zum Vorschein. Im Ortsteil

Rinderopfer bei einer Bestattung der Kugelamphoren-Kultur.
Zeichnung: Fritz Wendler (1941–1995)
für das Buch „Deutschland in der Steinzeit“ (1991)
von Ernst Probst

Zauschwitz von Weideroda (Kreis Leipzig) in Sachsen entdeckte man 1960/1961 zwei Menschengräber in Nachbarschaft eines Tiergrabes. Etwa einen Meter südlich von einer Hockerbestattung lag ein ovales Tiergrab mit drei Rindern, und anderthalb Meter von diesem entfernt ruhten in derselben Linie und Tiefe wie diese Tiere zwei an den Füßen zusammenstoßende Hockerbestattungen in einer Grube. In Schönebeck in Sachsen-Anhalt stieß man im September 1943 bei Ausschachtungsarbeiten viereinhalb Meter entfernt von einem Steinkistengrab mit einem Toten auf ein Tiergrab mit fünf Rindern. In Stobra (Kreis Weimarer Land) in Thüringen entdeckte 1936 der Leiter des „Museums für Urgeschichte" in Weimar, Erwin Schirmer (1908–1967) zwei Rinderbestattungen. In einem der beiden Gräber lagen jeweils zwei Rinder als Paare mit den Beinen zueinander gekehrt, während man ein fünftes Tier dazwischen gebettet hatte. Im anderen Grab beobachtete man zwei junge Rinder mit zueinander gewandten Beinen und spitzen Löchern im Schädel, die als Spuren der Tötung gelten. Zwischen den Rinderschädeln barg man Schweineknochen.

Die Rinderopferung in den Menschengräbern und die separaten Rinderbestattungen sind ein Hinweis darauf, dass die Kugelamphoren-Leute an ein Weiterleben nach dem Tod glaubten. Außerdem spiegeln sie die starke Verbundenheit mit diesen Haustieren wider. Vermutlich galt die Hauptsorge dem Wohlergehen der Rinder, die – nach der Art und Weise ihrer Bestattung – große Wertschätzung genossen.

Funde von verkohlten und zerbrochenen menschlichen Röhrenknochen – vor allem in Gräbern – werden von manchen Prähistorikern als Belege für rituellen Kannibalismus gedeutet. Ungeklärt ist die Frage, ob dieser als Aufnahme des Verstorbenen in den Kreis der Lebenden oder als Opfer für göttliche

Rinderbestattung der Kugelamphoren-Kultur aus Zauschwitz, einem Ortsteil von Pegau-Weideroda (Kreis Leipzig) in Sachsen, im „Staatlichen Museum für Archäologie Chemnitz".
Foto: Einsamer Schütze / CC-BY-SA4.0 (via Wikimedia Commons), lizensiert unter Creative-Commons-Lizenz by-sa-4.0-de, https://creativecommons.org/licenses/by-sa/4.0/legalcode

Mächte gedacht war. Menschenopfer im Sinne einer Grabbeigabe werden vor allem in polnischen Steinkistengräber vermutet. Dort hatte man dem „Haupttoten“ manchmal mehrere Menschen mit ins Grab gelegt. Angeblich saß der mutmaßliche „Herr“ oder sein „Totenwächter“ aufrecht im Grab.

Manche Prähistoriker betrachten die Sonnensymbole auf Bernsteinscheiben und auf tönernen Amphoren, die im Bereich der östlichen Gruppe der Kugelamphoren-Kultur gefunden wurden, als Zeugnisse eines Sonnenkultes.

Autor Ernst Probst.
Foto: Klaus Benz, Fotograf, Mainz-Laubenheim

Der Autor

Ernst Probst, geboren am 20. Januar 1946 in Neunburg vorm Wald im bayerischen Regierungsbezirk Oberpfalz, ist Journalist und Wissenschaftsautor. Er arbeitete von 1968 bis 1971 bei den „Nürnberger Nachrichten“, von 1971 bis 1973 in der Zentralredaktion des „Ring Nordbayerischer Tageszeitungen“ in Bayreuth und von 1973 bis 2001 bei der „Allgemeinen Zeitung“, Mainz. In seiner Freizeit schrieb er Artikel für die „Frankfurter Allgemeine Zeitung“, „Süddeutsche Zeitung“, „Die Welt“, „Frankfurter Rundschau“, „Neue Zürcher Zeitung“, „Tages-Anzeiger“, Zürich, „Salzburger Nachrichten“, „Die Zeit“, „Rheinischer Merkur“, „Deutsches Allgemeines Sonntagsblatt“, „bild der wissenschaft“, „kosmos“, „Deutsche Presse-Agentur“ (dpa), „Associated Press“ (AP) und den „Deutschen Forschungsdienst“ (df). Aus seiner Feder stammen die Bücher „Deutschland in der Urzeit“ (1986), „Deutschland in der Steinzeit“ (1991), „Rekorde der Urzeit“ (1992), „Dinosaurier in Deutschland“ (1993 zusammen mit Raymund Windolf) und „Deutschland in der Bronzezeit“ (1996). Von 2001 bis 2006 betätigte sich Ernst Probst als Buchverleger sowie zeitweise als internationaler Fossilienhändler und Antiquitätenhändler. Insgesamt veröffentlichte er mehr als 300 Bücher, Taschenbücher, Broschüren und über 300 E-Books.

Bücher von Ernst Probst

(Auswahl)

Als Mainz im Meer lag
Als Mainz noch nicht am Rhein lag
Das Mammut- Mit Zeichnungen von Shuhei Tamura
Der Europäische Jaguar
Der Mosbacher Löwe. Die riesige Raubkatze aus Wiesbaden
Der Rhein-Elefant. Das Schreckenstier von Eppelsheim
Der Ur-Rhein. Rheinhessen vor zehn Millionen Jahren
Deutschland im Eiszeitalter
Deutschland in der Frühbronzezeit
Deutschland in der Mittelbronzezeit
Deutschland in der Spätbronzezeit
Die Aunjetitzer Kultur in Deutschland
Die Straubinger Kultur in Deutschland
Die Singener Gruppe
Die Arbon-Kultur in Deutschland
Die Ries-Gruppe und die Neckar-Gruppe
Die Adlerberg-Kultur
Der Sögel-Wohlde-Kreis
Die nordische Bronzezeit in Deutschland
Die Hügelgräber-Kultur in Deutschland
Die ältere Bronzezeit in Nordrhein-Westfalen
Die Bronzezeit in der Lüneburger Heide
Die Stader Gruppe
Die Oldenburg-emsländische Gruppe
Die Urnenfelder-Kultur in Deutschland

Die ältere Niederrheinische Grabhügel-Kultur
Die Unstrut-Gruppe
Die Helmsdorfer Gruppe
Die Saalemündungs-Gruppe
Die Lausitzer Kultur in Deutschland
Die Dolchzahnkatze Megantereon
Die Dolchzahnkatze Smilodon
Die Säbelzahnkatze Homotherium
Die Säbelzahnkatze Machairodus
Die Schweiz in der Frühbronzezeit
Die Rhône-Kultur in der Westschweiz
Die Arbon-Kultur in der Schweiz
Die Schweiz in der Mittelbronzezeit
Die Schweiz in der Spätbronzezeit
Dinosaurier von A bis K. Von Abelisaurus bis zu Kritosaurus
Dinosaurier von L bis Z. Von Labocania bis zu Zupaysaurus
Der rätselhafte Spinosaurus. Leben und Werk des Forschers Ernst Stromer von Reichenbach
Eiszeitliche Geparde in Deutschland
Eiszeitliche Leoparden in Deutschland
Höhlenlöwen. Raubkatzen im Eiszeitalter
Hermann von Meyer. Der große Naturforscher aus Frankfurt am Main
Johann Jakob Kaup. Der große Naturforscher aus Darmstadt
Krallentiere am Ur-Rhein
Neues vom Ur-Rhein. Interview mit dem Geologen und Paläontologen Dr. Jens Sommer
Österreich in der Frühbronzezeit

Österreich in der Mittelbronzezeit
Österreich in der Spätbronzezeit
Raub-Dinosaurier von A bis Z. Mit Zeichnungen von Dmitry Bogdanav und Nobu Tamura
Rekorde der Urmenschen. Erfindungen, Kunst und Religion
Rekorde der Urzeit. Landschaften, Pflanzen und Tiere
Säbelzahnkatzen. Von Machairodus bis zu Smilodon
Säbelzahntiger am Ur-Rhein. Machairodus und Paramachairodus
Was ist ein Menhir? Interview mit dem Mainzer Archäologen Dr. Detert Zylmann
Wer ist der kleinste Dinosaurier? Interviews mit dem Wissenschaftsautor Ernst Probst
Wer war der Stammvater der Insekten? Interview mit dem Stuttgarter Biologen und Paläontologen Dr. Günther Bechly
6000 Jahre Kastel. Von der Steinzeit bis zum 21. Jahrhundert
5000 Jahre Kostheim. Von der Steinzeit bis zum 21. Jahrhundert
Kastel in der Vorzeit. Von der Jungsteinzeit bis Christi Geburt
Kostheim in der Vorzeit. Von der Jungsteinzeit bis Christi Geburt
Wiesbaden in der SteinzeitAnno 1.000.000. Deutschland in der älteren Altsteinzeit
Das Protoacheuléen. Eine Kulturstufe der Altsteinzeit vor etwa 1,2 Millionen bis 600.000 Jahren
Das Altacheuléen. Eine Kulturstufe der Altsteinzeit vor etwa 600.000 bis 350.000 Jahren
Das Jungacheuléen. Eine Kulturstufe der Altsteinzeit vor etwa

Die Mittelsteinzeit in Rheinland-Pfalz
Die Mittelsteinzeit in Hessen
Die Mittelsteinzeit in Nordrhein-Westfalen
Die Mittelsteinzeit in Niedersachsen
Die Mittelsteinzeit in Thüringen, Sachsen-Anhalt, Sachsen und im südlichen Brandenburg
Die Mittelsteinzeit in Schleswig-Holstein, Mecklenburg und im nördlichen Brandenburg
Die ersten Bauern in Deutschland. Die Linienbandkeramische Kultur (5.500 bis 4.900 v. Chr.)
Die Ertebölle-Ellerbek-Kultur. Eine Kultur der Jungsteinzeit vor etwa 5.000 bis 4.300 v. Chr.
Die Stichbandkeramik. Eine Kultur der Jungsteinzeit vor etwa 4.900 bis 4.500 v. Chr.
Die Oberlauterbacher Gruppe. Eine Kulturstufe der Jungsteinzeit vor etwa 4.900 bis 4.500 v. Chr.
Die Hinkelstein-Gruppe. Eine Kulturstufe der Jungsteinzeit vor etwa 4.900 bis 4.800 v. Chr.
Die Rössener Kultur. Eine Kultur der Jungsteinzeit vor etwa 4.600 bis 4.300 v. Chr.
Die Kupferzeit. Wie die ersten Metalle in Mitteleuropa bekannt wurden
Die Michelsberger Kultur. Eine Kultur der Jungsteinzeit vor etwa 4.300 bis 3.500 v. Chr.
Das Rätsel der Großsteingräber. Die nordwestdeutsche Trichterbecher-Kultur vor etwa 4.300 bis 3.000 v. Chr.
Die Baalberger Kultur. Eine Kultur der Jungsteinzeit vor etwa 4.300 bis 3.700 v. Chr.
Pfahlbauten in Süddeutschland. Dörfer der Jungsteinzeit und Bronzezeit an Seen, Mooren und Flüssen
Die Altheimer Kultur / Die Pollinger Gruppe. Zwei

Kulturen der Jungsteinzeit vor etwa 3.900 bis 3.500 v. Chr.
Die Salzmünder Kultur. Eine Kultur der Jungsteinzeit vor etwa 3.700 bis 3.200 v. Chr.
Die Chamer Gruppe. Eine Kulturstufe der Jungsteinzeit vor etwa 3.500 bis 2.800 v. Chr.
Die Wartberg-Kultur. Eine Kultur der Jungsteinzeit vor etwa 3.500 bis 2.800 v. Chr.
Die Walternienburg-Bernburger Kultur. Eine Kultur der Jungsteinzeit vor etwa 3.200 bis 2.800 v. Chr.
Die Kugelamphoren-Kultur. Eine Kultur der Jungsteinzeit vor etwa 3.100 bis 2.700 v. Chr.
Die Schnurkeramischen Kulturen. Kulturen der Jungsteinzeit von etwa 2.800 bis 2.400 v. Chr.
Die Einzelgrab-Kultur. Eine Kultur der Jungsteinzeit vor etwa 2.800 bis 2.300 v. Chr.
Die Schönfelder Kultur. Eine Kultur der Jungsteinzeit vor etwa 2.800 bis 2.200 v. Chr.
Die Glockenbecher-Kultur. Eine Kultur der Jungsteinzeit vor etwa 2.500 bis 2.200 v. Chr.
Die ersten Bauern in Österreich. Die Linienbandkeramische Kultur vor etwa 5.500 bis 4.900 v. Chr.
Die Lengyel-Kultur in Österreich. Eine Kultur der Jungsteinzeit vor etwa 4.900 bis 4.400 v. Chr.
Die Mondsee-Gruppe. Eine Kulturstufe der Jungsteinzeit vor etwa 3.700 bis 2.900 v. Chr.
Die Badener Kultur in Österreich. Eine Kultur der Jungsteinzeit vor etwa 3.600 bis 2.900 v. Chr.
Die ersten Pfahlbauten in der Schweiz. Die Anfänge der Pfahlbauforschung und die Egolzwiler Kultur
Die Cortaillod-Kultur. Eine Kultur der Jungsteinzeit vor etwa 4.000 bis 3.500 v. Chr.

Die Pfyner Kultur in der Schweiz. Eine Kultur der Jungsteinzeit vor etwa 4.000 bis 3.500 v. Chr.
Die Horgener Kultur in der Schweiz. Eine Kultur der Jungsteinzeit vor etwa 3.500 bis 2.800 v. Chr.
Die Schnurkeramiker in der Schweiz. Eine Kultur der Jungsteinzeit vor etwa 2.800 bis 2.400 v. Chr.

www.ingramcontent.com/pod-product-compliance
Lightning Source LLC
Chambersburg PA
CBHW072304170526
45158CB00003BA/1185

* 9 7 8 1 0 7 5 5 6 8 3 2 9 *